Dombin Ndor

Fungos transmitidos por sementes de Roselle Hibiscus Sabdariffera L. e seu controlo

Dombin Ndor

Fungos transmitidos por sementes de Roselle Hibiscus Sabdariffera L. e seu controlo

ScienciaScripts

Imprint

Any brand names and product names mentioned in this book are subject to trademark, brand or patent protection and are trademarks or registered trademarks of their respective holders. The use of brand names, product names, common names, trade names, product descriptions etc. even without a particular marking in this work is in no way to be construed to mean that such names may be regarded as unrestricted in respect of trademark and brand protection legislation and could thus be used by anyone.

Cover image: www.ingimage.com

This book is a translation from the original published under ISBN 978-3-659-87571-7.

Publisher:
Sciencia Scripts
is a trademark of
Dodo Books Indian Ocean Ltd. and OmniScriptum S.R.L publishing group

120 High Road, East Finchley, London, N2 9ED, United Kingdom
Str. Armeneasca 28/1, office 1, Chisinau MD-2012, Republic of Moldova, Europe
Printed at: see last page
ISBN: 978-620-7-89193-1

Índice:

DEDICAÇÃO

Dedico este trabalho a Deus Todo-Poderoso, que me acompanhou de boa saúde. Em segundo lugar, à minha mãe (Yacit Ndor) e à minha madrasta (Chirdok Ndor) que partiram ambas para junto do Senhor.

Dedico este trabalho finalmente a Julna (esposa), Domna (filha). Dornjul (filho), Dombyen (filha), Nanna (cunhada) e Nanfe (sobrinha).

RESUMO

Foram efectuadas experiências entre dezembro de 2004 e outubro de 2005 no laboratório avançado de fitopatologia da Universidade de Agricultura. Makurdi, para determinar a ocorrência e o controlo de fungos transmitidos por sementes ou rosela. *(Hibiscus sabdarifJa* L.). As sementes de rosela utilizadas para as experiências foram colhidas na quinta de ensino e investigação da Universidade de Agricultura de Makurdi e de agricultores seleccionados aleatoriamente em sete cidades/aldeias diferentes nos Estados de Benue, Nasarawa e Plateau. A deteção de fungos transmitidos por sementes foi feita principalmente pelo método padrão de blotter. Os fungos detectados incluem *Fusarium spp* (16,40%), *Penicillium spp* (2,1,30%) Chactontium spp (1,17%), Aspergillus niger van Tiegh (37J3%), Aspergillus jlavus (42,12%) e outros (não identificados) 20,70%). A ocorrência de *Aspergillus jlavus* (42,12%) foi a mais predominante e a sua % de ocorrência foi significativamente (P < 0,001) mais elevada em comparação com *Chactomiuni spp* (1,17%). *Fusarium spp* (8,20%) e *Aspergillus niger* (1,89%) foram significativamente (P ~O.OO 1) mais elevados no Estado de Benue em comparação com os Estados de Nasarawa e Plateau, enquanto a percentagem de germinação foi significativamente (p < 0,001) mais elevada em Plateau (88,74%) e Nasarawa (69,72%) em comparação com o Estado de Benue. Ao comparar a ocorrência de fungos transmitidos por sementes nos métodos Potato Dextrose Agar (PDA) e blotter (BT) com ou sem esterilização superficial das sementes, entre todos os fungos encontrados nas sementes de rosela, apenas *Penicillium spp* e *Aspergillus flavus* ocorreram significativamente (P< 0,0(1) mais no blotter do que no PDA. A esterilização da superfície não teve um efeito significativo na ocorrência dos fungos transmitidos pelas sementes. A percentagem de infeção foi significativamente (P< 0,001) mais elevada quando as sementes de rosela foram inoculadas com *Fasarium spp* e *Penicillium spp* em comparação com o controlo (não inoculado), reduzindo a percentagem de germinação em 94,57% e 89,3%, respetivamente. O tratamento das sementes com Seed plus, Aldrex T e Benomyl eliminou *Fusarium spp; Penicillium spp, Chactonium spp* e *A. flavus* das sementes. De entre todos os produtos químicos testados, o Benomyl foi o mais eficaz, controlando todos os fungos transmitidos por sementes encontrados nas sementes de rosela à taxa de 1 kg por tonelada.

RECONHECIMENTO

Agradeço a Deus por me ter dado a boa saúde e os recursos necessários para concluir este trabalho de investigação.

Os meus sinceros agradecimentos aos meus supervisores de projeto, Dr. EJ. Ekefan e ao Prof. A.O Nwankiti pelas suas correcções e críticas construtivas, que conduziram à conclusão bem sucedida deste trabalho. Agradeço ainda ao Dr. Ekefan por ter utilizado o seu computador para analisar os meus dados e ao Prof. A.a. Nwankiu pelos seus conselhos paternais e pela sua ligação ao Global Plant Advisory and Diagnostic Centre, Surrey, Reino Unido, onde foram identificados os fungos encontrados no estudo. Agradeço especificamente a Paula Nash e a toda a equipa do centro pelos seus serviços gratuitos.

Agradeço aos meus colegas de curso, Miss C. Nduagu, Sr. Z.O.Agula, Sra. N. Wayo e Sr. O. Idoko pelo seu apoio. Gostaria de agradecer as contribuições do Sr. S.K. Dang e do Sr. A.K. Uzege, os técnicos de laboratório. Os meus agradecimentos vão também para o Sr. e a Sra. Kparman e família pelo seu carinho e apoio. Agradeço a todos os estudantes de pós-graduação, que são demasiado numerosos para serem mencionados aqui, pelo seu encorajamento.

Os meus agradecimentos especiais vão para a Direção. Pessoal e estudantes da Escola Superior de Agricultura. Garkawa pelos seus votos de felicidades. Estou em dívida para com a Capela da Esperança, Faculdade de Agricultura do Estado de Plateau, Garkawa e a Capela do Pão Vivo, UAM, pelas suas orações.

CAPÍTULO 1

A roselha *(Hibiscus sabdariffa L.)* é uma cultura tropical dicotiledónea que pertence à família Malvaceae. A cultura é provavelmente originária da África Central ou Ocidental, mas está agora amplamente distribuída por muitas zonas tropicais (Tindall, 1983). A rosela é cultivada na Ásia tropical (Índia, Indonésia, Birmânia), no Norte da Austrália e na África Ocidental e Central. Na Nigéria, a rosela encontra-se principalmente na zona da Savana da Guiné/Sudão e na parte sudoeste do país (Alegbejo, 2000). O roselinho é uma componente importante do sistema de culturas mistas dos camponeses, desde a floresta tropical até à savana do Sudão na Nigéria (Daramola, 1985).

Os cálices de rosela são uma fonte económica de proteínas vegetais, gorduras e minerais. Existem dois tipos básicos, o verde e o vermelho. O cálice "vermelho" é rico em ferro, que é útil na formação do sangue (Babalola *et al.,* 2001). A rosela é pobre em colesterol e sódio. É uma boa fonte de vitamina A e C, ferro, potássio, cálcio e magnésio (ver Apêndice I). A rosela é usada como cultura de fibra, como planta ornamental, como bebida e também como vegetal de folha (Morton, 1987; Schippers, 2000). Os cálices vermelhos inchados da *H. Sabdariffa var Sabdariffa* são secos e transformados em chás, sendo também utilizados na transformação de sumos, geleias, compotas, gelados e aromas (Morton, 1987). As folhas jovens e os caules tenros da Roselle são consumidos crus em saladas ou cozinhados como verduras isoladas ou em combinação com outros legumes. Os cálices secos são utilizados na Europa para fazer extractos para aromatizar licores (Morton, 1987).

Os cálices são congelados ou secos ao sol ou artificialmente para alimentação fora de época, ou para comercialização e exportação. Por exemplo, no Senegal, os cálices secos são espremidos em grandes bolas, pesando 80 kg, para serem enviados para a Europa (Morton, 1987). Na Nigéria, o cálice do tipo vermelho é fervido parcialmente em água quente, coado e são adicionados açúcar/materiais aromatizantes ao líquido filtrado. O líquido é arrefecido e tomado como refrigerante, geralmente chamado "Zobo" (Alegbejo, 2000). As sementes são fermentadas e transformadas em bolo, que é utilizado como carne de azeda ou *Iyu* pelo povo Tarok da região de Plateau da Nigéria (Schippers, 2000). Os principais mercados de exportação do cálice seco de *Hibiscus sabdariffa* são os Estados Unidos e a Alemanha. Os principais clientes dos importadores de *Hibiscus* são os fabricantes de tisanas que utilizam o cálice seco como parte da base para 1110 tisanas (Morton, J 987). O chá feito de rosela suprime a tensão arterial elevada. A rosela também reduz a biliosidade, as doenças cardíacas e nervosas (Morton, 1987; Schippers. 20(0) Atualmente, a rosela está a atrair a atenção dos fabricantes de alimentos e bebidas e de empresas farmacêuticas que consideram que pode ter possibilidades de ser explorada como produto alimentar natural e como corante para substituir alguns corantes sintéticos (Morton, 1987).

A rosela é uma cultura que tem potencial para se tornar uma cultura industrial na Nigéria (Alegbejo, 2000). A aceitação gradual da rosela como cultura económica na Nigéria, com base nos seus benefícios nutricionais, medicinais e na geração de rendimentos para os agricultores pobres, estimularia definitivamente a produção em grande escala. A popularidade da produção da bebida "Zobo" está a aumentar e está a ser encorajada como fonte de rendimento (Eno, 2000).

A produção de rosela é, no entanto, limitada por várias doenças que foram identificadas na planta, entre outros factores, como os ataques de pragas. Em 1969, cerca de 16 hectares de rosela foram destruídos pela podridão da raiz e do caule causada por *Phytophthora parasitica* no estado de Oyo, no sudoeste do país.

Nigéria (Olunloyo, 1973). A cultura sofre da doença da *antracnose* causada por *Colletotrichum spp; podridão* dos frutos e ferrugem das folhas causadas por *Phytopthora parasitica* e *phyllosticta hibiscini,* respetivamente (Schippers 2(00). Tindall (1983) documentou, para além disso, uma doença da mancha foliar causada por *Cercospora hibisci* e a podridão foliar causada por *Conie/la tnusaiensis.* Outras doenças são o amortecimento e o míldio causados por *pythiutn spp* e *Odium abelmoschi,* respetivamente, que reduzem o rendimento da rosela (Schippers 20(0).

Para além das doenças dos campos, um dos factores mais importantes que limita o cultivo de muitas culturas é a deterioração causada por fungos transmitidos pelas sementes, que resulta na redução da viabilidade das sementes (Nasir 2()03: Khan *et of:* 2(02). A emergência e o rendimento da rosela podem ser afectados por organismos transmitidos pelas sementes, nomeadamente fungos, que são

conhecidos por serem responsáveis por
as perdas de culturas mais graves no mundo (Shetty, 1992). Owolade et al. (2002) salientaram que os testes de sanidade das sementes têm sido, na sua maioria, negligenciados na Nigéria e que essa negligência pode dever-se ao pressuposto de que as sementes sem sintomas não estão infectadas por agentes patogénicos. Atualmente, existe uma escassez de informação sobre organismos fúngicos associados às sementes de rosela e sobre a sua distribuição e controlo na Nigéria, tal como indicado por Dararnola (]985) e Alegbejo (2000). Também não existe informação sobre o melhor método que permita uma identificação correcta e fiável dos fungos. Este trabalho foi, portanto, realizado para identificar os fungos transmitidos por sementes de rosela e o seu controlo na zona da Savana da Guiné Meridional da Nigéria. Os objectivos da avaliação foram os seguintes -
identificar fungos transmitidos por sementes associados a sementes de rosela na Nigéria

i. comparar a infeção entre os tipos verde e vermelho de rosela
   semente.
ii. comparar a recuperação de fungos transmitidos por sementes através do ágar dextrose de batata (PDA) e Blotter
iii. .determinar a distribuição de fungos transmitidos por sementes em alguns talos dentro de
   a savana do sul da uuiné na Nigéria.
iv. avaliar a eficácia do tratamento químico de sementes contra as doenças transmitidas por sementes
   fungos da roseira brava.
vi. Avaliar a deterioração das sementes causada por *fusarium spp* e *penicillium spp*.

CAPÍTULO 2
REVISÃO DA LITERATURA

2.1 Cultura de Roselle
2.1.1 Botânica

Roselle *(Hibiscus sabdariffa L)* também conhecida como azeda, azeda vermelha, azeda da Jamaica, azedinha, planta de geleia, arbusto de limão, azeda da Guiné. A azeda da Flórida ou azeda da Índia é uma planta anual lenhosa erecta e ramificada, até 3 m de altura, com caules vermelhos ou verdes e ramificados (Morton, 1987). As folhas são alternas e os pecíolos têm 2-1 Ocm de comprimento. As folhas inferiores são frequentemente ovadas, e as folhas superiores são 3-5 lobadas, palmadas e 7-15cl11 de comprimento (Tindall, 1983). As flores nascem isoladamente nos eixos das folhas e são amarelas ou amareladas com um olho rosa ou castanho e tornam-se cor-de-rosa quando estão prestes a murchar. O cálice é constituído por 5 sépalas grandes à volta do bastão, que se alarga e se torna carnudo. As sementes têm forma de rim e são de cor castanha clara a escura. A cápsula torna-se castanha e abre-se quando madura e seca (Morton, 1987).

A rosela propaga-se geralmente por sementes, mas cresce facilmente a partir de estacas.

2.1.2 Importância
2.1.2.1 Valores alimentares

Quase todas as partes da planta da roselha são úteis. As folhas jovens e o cálice da rosela verde são usados para sopa na Nigéria (Alegbejo, 2001).

Os cálices possuem 3,19% de pectina e são utilizados no Paquistão como fonte de pectina para a conservação de frutos (Morton, 1987). As sementes podem ser torradas e

utilizado como substituto do café (Morton, 1987). O óleo extraído da semente varia entre 25 - 35% e o resíduo após a extração do óleo é utilizado como uma farinha de alta proteína (30 - 35°/c" e como alimento para o gado (Morton, 1987; Schippers, 2000).

2.1.2.2 Valores medicinais:

Na Índia. África e México, todas as partes acima do solo da planta rosela são valorizadas na medicina tradicional. É considerada uma das plantas medicinais importantes no Egipto (Ottai *et af.,* 2004). A rosela diminui a taxa de absorção do álcool, reduzindo assim o seu efeito no sistema. As folhas de rosela aquecidas são aplicadas nas fissuras dos pés e nos furúnculos para acelerar a cicatrização. As folhas e os frutos são utilizados em muitos remédios para a hepatite viral, a obstipação e o controlo de lombrigas (Dupriez e Deleener, 1989).

2.1.3 Doenças do Roselle

A etiologia e a epidemiologia do míldio foliar e do míldio do caule da rosela foram investigadas em Ibadan por Amusa *el af.* (2001) e por Arnusa (2004). O míldio foliar foi considerado como sendo causado por *Phyllosticta hibiscini,* enquanto o míldio do caule era causado por *Fusarium oxysporum, tendo* ambos os agentes patogénicos sido encontrados no solo e nos resíduos vegetais. Amusa (2004) verificou que mais de *40<1"0* das folhas ou plantas de rosela em campos de cultivo contínuo estavam infestadas por *Phyllosticta hibiscini.* A produção de rosela é, no entanto, limitada por várias doenças que foram identificadas na planta, entre outros factores, como os ataques de pragas. Em 1969, cerca de 16 hectares de rosela foram destruídos pela podridão da raiz e do caule causada por *Phytophthora parasitica* no estado de Oyo, no sudoeste da Nigéria (Olunloyo, 1973). A cultura sofre de *antracnose* causada por *Colletotrichum spp; podridão* dos frutos e ferrugem das folhas causadas por *Phytopthora parasitica* e *phyllosticta hibiscini,* respetivamente (Schippers 2000). Tindall (1983) documentou, além disso, uma doença de mancha foliar causada por *Cercospora hibisci* e podridão foliar causada por *Coniella niusaiensis.* Outras doenças são o míldio e o míldio causados por *Pythium spp* e *Odium abelinoschi,* respetivamente, que reduzem o rendimento da rosela (Schippers 2000).

2.2 Infeção fúngica transmitida por sementes
2.2.1 Implicações e danos causados

Os agentes patogénicos transmitidos pelas sementes são importantes para os agricultores devido ao risco da sua introdução em novas áreas onde as sementes são transportadas. Os agentes patogénicos transmitidos por sementes estabelecem-se cedo, quando as plantas são frequentemente mais vulneráveis, e a sua presença aumenta muito a probabilidade de uma epidemia (Hansing, 1978). Quanto mais cedo uma doença ataca uma cultura, mais devastadora pode ser. Os agentes patogénicos que chegam com as sementes podem, portanto, ser muito prejudiciais (Almekinders e Louwaars, 1999). Os agentes patogénicos colonizam as sementes primordiais e as sementes em maturação e reduzem qualitativa e quantitativamente o rendimento das sementes (Shetty, 1988). Os fungos pertencentes a saprófitas facultativos e parasitas facultativos podem diminuir a qualidade da semente causando descoloração, o que pode depreciar seriamente o valor comercial (Agrios,

1988, Shetty; 1988). Os fungos
podem danificar as sementes sob a forma de aborto de sementes, sementes encolhidas, tamanho reduzido das sementes, necrose das sementes, descoloração das sementes, redução da germinação e alterações fisiológicas nas sementes (Shetty, 1988). Chiarappa (1988) salientou que a tecnologia de produção de sementes tem feito grandes avanços nos últimos anos, mas ainda ocorrem perdas, especialmente em países tropicais subdesenvolvidos e em desenvolvimento.

2.2.1.1 Efeito nas plântulas

Uma plântula anormal é uma plântula que não tem a capacidade de se desenvolver numa planta normal quando cultivada em condições favoráveis, porque uma ou mais das estruturas essenciais estão irremediavelmente defeituosas, por exemplo, danos no embrião da semente, epicótilos ou cotilédones e hipocótilos fendidos e divididos. Coleóptilos com pontas danificadas ou quebradas: rachaduras ou raízes primárias atrofiadas ou ausentes. Podem resultar de causas externas, tais como manuseamento mecânico, calor, seca ou danos causados por insectos, ou de perturbações internas de carácter fisiológico e bioquímico (ISTA 1979).

Plântulas deterioradas como resultado de uma infeção primária, em que o desenvolvimento normal é impedido. Isto pode resultar do ataque de fungos ou bactérias (ISTA 1979).

Levantamento de plântulas normais e anormais de acordo com o manual da ISTA sobre avaliação de plântulas.

Plântulas normais

> Sistema radicular: A raiz primária intacta ou apenas com ligeiros defeitos

> Sistema de rebentos: O cotilédone intacto com um "joelho" acentuado em direção ao topo ou apenas com defeitos ligeiros, de descoloração ou necrose da plântula desportiva, com toda a estrutura essencial normal, tal como acima descrito.

Plântulas anormais

> Sistema radicular: a raiz primária defeituosa ou atrofiada ou atarracada, retardada ou ausente, partida a partir da ponta, constringida. espigada com geotropismo negativo, vítrea. deteriorada em consequência ou em consequência de: infeção.

> Sistema de rebentos: O cotilédone defeituoso, por exemplo, curto e grosso. Rachado, apertado, dobrado formando um laço ou uma espiral, sem um "joelho" definido, espigado, vítreo, deteriorado em resultado de infeção primária.

> Plântula: Uma ou mais das estruturas essenciais anormais acima ou um todo é defeituoso. por exemplo, deformado, fraturado, fu: juntos, amarelo ou enquanto, espigado, vítreo, deteriorado como resultado de infeção primária.

2.2.2 Controlo de infecções transmitidas por sementes.

2.2.2.1 Controlo cultural

A principal medida de controlo das doenças das plantas na agricultura BIOLÓGICA é a rotação de culturas, as culturas mistas e a fertilização moderada (Olunloyo e Aden 1976; Borgen, 2004). No caso de agentes patogénicos transmitidos por sementes, o controlo começa com a utilização de sementes isentas de doenças nos campos e os campos também devem estar isentos de doenças,

por insectos, pelo vento ou sobrevivendo em restos de plantas da época de cultivo anterior (Almekinders e Lou Waar, 1999). O controlo enquanto a cultura de sementes está no campo pode envolver a remoção de ervas daninhas e plantas doentes do campo ou a seleção de plantas ou partes do campo onde as plantas parecem mais saudáveis para serem colhidas para semente. Evitar períodos com elevada pressão de doenças, plantar cedo e colher as sementes atempadamente são estratégias importantes para reduzir as doenças transmitidas pelas sementes.

2.2.2.2 Utilização de aditivos orgânicos e agentes de biocontrolo

Isto implica a utilização de aditivos orgânicos, como leite em pó e óleos vegetais, para atrair agentes de controlo biológico. Este método tem sido utilizado no controlo da broca comum (*Tilletia Tritici*) no trigo (Borgen e Davanlau, 2000; Mcmullen e Lamey, 2000). Revestir as sementes com leite em pó ou óleos vegetais antes da sementeira. Isto serve de nutriente para *Bacillus subtilis*, uma bactéria que coloniza o sistema radicular em desenvolvimento do trigo, suprimindo organismos patogénicos como *Fusarium spp, Rhizoctonia spp, Alternaria .\PP* e *Aspergillus spp* que atacam o sistema radicular. As sementes revestidas com *Aspergillus terreus, Trichoderma harzianum, Gliocladium resewn* ou *penicillium thoniii* podem controlar *Colletotrichutn truncatum, Pythium spp* e *Sclerotinia sclerotiorum* da soja (Manandhar *et al.,* 1987). São também utilizados vários produtos, como farinha de mostarda ou leite em pó e ácido acético (Nielsen *etal .. 2000).*

2.2.2.3 Utilização da resistência da planta hospedeira

O melhoramento de plantas resistentes ou menos susceptíveis a doenças transmitidas por sementes, por exemplo, a expressão de resistência sistémica adquirida (SAR) no feijão-frade contra o fungo *da antracnose Colletotrichum destructivum* (Latunde e Lucas, 2001) e linhas de resistência ao carvão solto no trigo (Singh *et al.,* 200 I).

1.1.1 .4 Controlo integrado

O controlo integrado envolve a aplicação de dois ou mais métodos de controlo para controlar doenças das plantas. Por exemplo, a utilização de fungicidas, sementes isentas de agentes patogénicos, antagonistas fúngicos, resistência da planta hospedeira e rotação de culturas têm sido utilizados em combinação de dois ou mais métodos para o controlo do Kernal bunt do trigo (Rang, 2000).

2.2.5 Controlo químico

Os tratamentos fungicidas de sementes são utilizados por três razões: -

i. Para controlar os organismos responsáveis por doenças fúngicas transmitidas pelo solo (agentes patogénicos) que causam o apodrecimento das sementes, o amortecimento, o míldio das plântulas e o apodrecimento das raízes

ii. Para controlar os agentes patogénicos fúngicos que se encontram à superfície das sementes, tais como o míldio da cevada e da aveia, o míldio do trigo, a ponta negra dos grãos de cereais e o míldio da aveia.

iii. Para controlar os agentes patogénicos fúngicos transmitidos pelas sementes, tais como a ferrugem solta dos cereais (Mcmullen e Lamey, 2000).

iv. Para controlar os agentes patogénicos fúngicos transmitidos pelas sementes, tais como a ferrugem solta dos cereais (Mcmullen e Lamey, 2000).

Os controlos químicos têm sido utilizados contra os agentes patogénicos transmitidos pelas sementes de muitas culturas. O tratamento de sementes com produtos químicos pode ser um meio de controlo de pragas e doenças mais eficaz e relativamente amigo do ambiente, porque o tratamento de sementes utiliza pequenas quantidades de produtos químicos em comparação com as pulverizações de campo e pode também ser eficaz para além da germinação das sementes (Almekinders e Lou waars, 1999). Os produtos químicos podem ser aplicados nas sementes sob a forma de pó ou de suspensões espessas de água misturadas com as sementes. Os produtos químicos utilizados no tratamento de sementes incluem alguns compostos inorgânicos de cobre e zinco, mas principalmente compostos protectores inorgânicos como captan, cholroneb, chlorani l. diehlone. hexachlorobenzene, maneb, zineb, mancozeb, thiram pentachloronitrobenezene (PCNB) e os compostos sistémicos como caeboxin, benomyl, thiabendazole, metalazyl, triadimenol e streptomycin (Agrios, 1988). Alguns produtos químicos podem controlar doenças específicas, enquanto outros têm uma ação mais geral. Por exemplo, o Apron (rnetalaxil) foi utilizado como tratamento de sementes para o controlo da infeção precoce por *Selerotinia* no girassol (Khalid e Swanson, 1999). As sementes de milho tratadas com carboxina, tirame e captana aumentam o vigor das sementes e o crescimento das plântulas devido ao controlo dos fungos transmitidos pelas sementes (Cicero *et al.,* 1992). Uma combinação de Pcncycuron. + tolilfluanida e benomil foi considerada a melhor contra *Fusarium spp* em sementes de algodão (Goulart 1992). A ação de Carbendazim, thiram e captan foi relatada como sendo mais eficaz na inibição do crescimento de *Aspergillus niger,* em amendoim (Reddy *et al.,* 1991). Enikuomehin *et al.,* (2002) testaram Apron plus, Fernasan D. Demosan, Ridomil, Teto e Benlate como fungicidas de cobertura de sementes contra agentes patogénicos transmitidos por sementes de trigo de sequeiro e concluíram que eram geralmente eficazes.

2.3 MÉTODOS DE DETECÇÃO DE FUNGOS EM SEMENTES

2.3.1 Exame das sementes sem incubação

2.3.1.1 Exame direto

O exame direto ou a inspeção de sementes secas é um método de teste de sanidade das sementes em que se detectam as estruturas de frutificação dos fungos ou se observam os efeitos dos agentes patogénicos fúngicos no aspeto físico das sementes. Por exemplo, esclerócios de fungos como *Clavicep spp,* ou grãos esmagados e esburacados produzidos por fungos (Dhingra e Sinclair, 1985). Outros incluem descoloração e manchas produzidas por fungos, por exemplo, *Cercospora Kikuchi* produzindo mancha púrpura na soja (Dhingra e Sinclair, 1985). Embora se saiba que as descolorações e manchas são causadas por fungos nos seus respectivos hospedeiros, isso não significa que as sementes aparentemente saudáveis estejam isentas de agentes patogénicos, pelo que a inspeção de sementes secas deve ser seguida de outros testes que envolvam a incubação de sementes (Dhingra e Sinclair, 1985).

2.3.1.2 Exame por lavagem (ensaio de lavagem)

É utilizado para a deteção de esporos de fungos à superfície (Dhin'gra e Sinclair, 1985). É utilizado principalmente para os agentes patogénicos que causam smuts e bunts (que produzem tcliosporos), com exceção do smut solto do trigo e da cevada (Dhingra e Sinclair, 1985). Trata-se de um teste qualitativo para o qual não foi acordada uma dimensão de amostra padrão a nível internacional (Dhingra e Sinclair, 1985). As sementes são agitadas manualmente ou com um agitador de laboratório num frasco com água para obter a libertação de esporos na água.

2.3.2 Exame das sementes por incubação.

Neste método, a presença de fungos é detectada com base no seu desenvolvimento em sementes incubadas em substratos tais como papel absorvente embebido em água (método do papel absorvente) ou em meios de ágar (método da placa de ágar) (Mathur *et al., 1989).*

2.3.2.1 O método do mata-borrão.

As sementes, com ou sem pré-tratamento, são colocadas em placas de Petri forradas com papel de filtro embebido e incubadas durante 7 dias a 20°c, em ciclos alternados de 12 horas de luz e escuridão. A luz pode ser fornecida quer por tubos de luz ultravioleta próxima (NUV) quer por luz artificial de tubos fluorescentes (Mathur *et al.*, 1989). Nalguns casos, particularmente quando a temperatura não é um constrangimento, a incubação tem sido feita em condições ambientais de luz e temperatura (Ekefan e Adie, 2003). Cada semente incubada é examinada minuciosamente sob diferentes ampliações de estereomicroscópio para o crescimento de diferentes fungos e a identificação é geralmente feita por caracteres de hábito ou características de corpos de frutificação e esporos (Dhingra e Sinclair, 1985, Mathur et *al., 1989).*

2.3.2.2 Placa de ágar Método

No método da placa de ágar, as sementes podem ser semeadas em diferentes meios, mas o meio *mais* comummente utilizado é o ágar dextrose de batata (PDA). Exemplos de

Outros meios normalmente utilizados são o ágar de extrato de malte (MEA), o ágar de farinha de aveia (OMA), o ágar de farinha de com (CMA) e o ágar-água (WA) (Dhingra e Sinclair, 1985, Mathur *et al.,* 1989, Maduckwe e

Umechuruba, 1992, Owolade *et al.,* 2002, Nasir, 2003)

2.3.3 Exame de plântulas e plantas

2.3.4 Teste de sintomas em plântulas

Alguns dos fungos transmitidos por sementes são capazes de produzir sintomas em plântulas jovens, seja nas raízes, nos rebentos ou em ambos. Tais sintomas podem ocasionalmente ser observados no método do mata-borrão e do ágar (Dhingra e Sinclair, 1985). No entanto, para proporcionar condições mais naturais, as sementes são semeadas em solo autoclavado, cascalho, areia ou material semelhante e colocadas em condições ambientais de temperatura, luz e humidade (Singh e Mathur, 1992). Os sintomas que se desenvolvem nas plântulas são provavelmente comparáveis aos que se produziriam em condições de campo (Singh e Mathur, 1992).

1.1.1 .2 Método de contagem de embriões

Em algumas doenças, o micélio do fungo que está presente no embrião é o único inóculo efetivo para o desenvolvimento da doença no campo, por exemplo, a ferrugem solta do trigo e da cevada e o míldio do milheto (Dhingra e Sinclair, 1985). O micélio do fungo no embrião das sementes infectadas desenvolve-se a partir delas em qualquer dos métodos de incubação descritos anteriormente. A única forma de detetar a sua presença é extrair os embriões, examiná-los ao microscópio e identificá-los com base nas características miceliais. O método consiste em embeber as sementes durante a noite, separar os componentes e depois plaquear o embrião. (Dhingra e Sinclair, 1985).

1.1.5 Método de congelação profunda

Este método é semelhante ao método de blotter, exceto que as sementes plaqueadas são incubadas primeiro durante 24 horas em completa escuridão e depois ultracongeladas a - 20°c durante 6 horas e mais tarde transferidas para a incubadora em completa escuridão durante 5 dias. O método de congelação mata a semente e torna-a mais fácil de examinar rapidamente (Maduekwe e Umechuruba, 1992; Owolade et al 2002; Nasir, 2003).

1.1.6 Método da boneca Rang

Neste método, alinham-se duas camadas de papel absorvente esterilizado embebido em água e colocam-se as sementes sobre elas. Em seguida, cobrem-se duas camadas de papel absorvente do mesmo tamanho, embebido em água. Estas são cuidadosamente enroladas em várias dobras e cobertas com folha de alumínio para evitar a perda de humidade e os efeitos da luz. As sementes são incubadas durante 7 dias em completa escuridão, após o que são examinadas para verificar o seu crescimento fúngico e a sua identificação (Maduekwc e Umechuruba, 1992).

2.5 Meios e blotter e sua influência na deteção de fungos transmitidos por sementes

A seleção de um tipo de meio adequado para os testes de rotina de sanidade das sementes baseia-se na sua capacidade de revelar os agentes patogénicos, tanto em termos de gama como de percentagens máximas. Deste ponto de vista, foram efectuadas comparações entre o método do mata-borrão, o método do mata-borrão modificado por congelação profunda e os métodos de placa de ágar quanto à sua eficácia no isolamento, crescimento e identificação de espécies de fungos transmitidos por sementes de milho por Owolade *et al.,*

2002. Verificou-se que o método de congelação profunda era mais eficiente, produzindo mais fungos transmitidos por sementes e infecções múltiplas com percentagens elevadas de agentes patogénicos revelados. Os métodos do mata-borrão e da placa de ágar foram utilizados na identificação de fungos e bactérias transmitidos por sementes de soja na Nigéria (Popoola e Akueshi, 1986), embora não com o objetivo de comparar os métodos. A incidência de *Rhizoctonia bataticola* no girassol foi analisada em relação à micoflora das sementes, utilizando testes de blotter e testes de placa PDA, cada um pré-tratado e não tratado com hipoclorito de sódio. Embora o método PDA tenha dado as contagens de infeção mais elevadas para *R. bataticola,* os resultados da utilização de sementes pré-tratadas no blotter foram comparáveis e este método foi recomendado com base na conveniência económica (Godika *et al.,* 1999). Nasir (2003) também comparou os métodos PDA, blotter, parte componente e congelamento profundo para a ocorrência de % de fungos em sementes de soja var William 82 com ou sem tratamento e concluiu que o método PDA produziu o maior número de fungos com ou sem o tratamento com desinfetante.

2.6 Efeito da localização na distribuição de fungos transmitidos por sementes

As doenças das plantas ocorrem geralmente numa gama bastante ampla das várias condições ambientais. Os factores que afectam mais seriamente o início e o desenvolvimento de doenças infecciosas das plantas são a temperatura, a humidade, a luz, os nutrientes do solo e o pH do solo. No entanto, a extensão e a frequência da sua ocorrência e a gravidade das doenças nas plantas são influenciadas pelo grau de desvio de cada condição ambiental do ponto em que o desenvolvimento da doença é ótimo (Agrios 1988). Verificou-se que a localização tem efeito na distribuição de fungos transmitidos por sementes de soja quando 15 espécies foram isoladas de sementes de soja da província fronteiriça do noroeste do Paquistão e 39 espécies do sudoeste do Paquistão (Nasir, 20(3).

Da mesma forma, Jordan et al (1992) descobriram que os factores ambientais que afectam a incidência de fungos transmitidos por sementes de soja no norte e no sul do Illinois são os factores que predispõem as sementes à infeção por fungos, independentemente dos tipos de solo, quando as cultivares de sementes de soja de 5 locais diferentes foram testadas para fungos transmitidos por sementes. A extensão da contaminação por 16 espécies de fungos variou com as cultivares e a localização (Tripathi e Singh, 1991).

CAPÍTULO 3
MATERIAIS E MÉTODOS
Procedimentos experimentais
3.1 Materiais e métodos gerais

As experiências foram efectuadas no laboratório de patologia avançada da Universidade de Agricultura, Makurdi, Nigéria, entre dezembro de 2004 e outubro de 2005.

3.1.1 Recolha de amostras de sementes

As sementes de rosela da época de colheita de 2004 foram colhidas em dezembro de 2004 em

i. A quinta de ensino e investigação da Universidade de Agricultura de Makurdi (sementes de Roselle de cor verde e vermelha).

ii. Com base na importância e em razões económicas, foram escolhidos três Estados (Benue, Nasarawa e Plateau) para este estudo. A recolha de sementes envolveu amigos e agentes de extensão, conforme o caso. As sementes foram recolhidas aleatoriamente junto de agricultores locais em sete locais seleccionados aleatoriamente em cada Estado, nomeadamente Benue (Kwande, Tarka, Makurdi, Gurna, Oju, Obi e Katsina-Ala), Nasarawa (Lafia, Nasarawa, Obi. A we, Kokona, Akwanga e Doma) e Plateau (Langtang North. Mikang, Kanke. Kanam, Barkin-Ladi, wase e 10s east). Foram detectados erros de campo na recolha, por exemplo, as amostras de sementes de Kanke e Kanam no Estado de Plateau foram misturadas antes de serem enviadas para o trabalho de investigação. Em consequência deste erro, foram colhidas aleatoriamente 400 centenas de sementes de cada local e, nos locais onde houve mistura, foram colhidas aleatoriamente 800 centenas de sementes. As amostras de cada local foram agrupadas de modo a obter uma amostra estadual (400 x 7 = 2800) para cada estado.

3.1.2 O método Blotter

Na maioria das experiências, a deteção de fungos transmitidos por sementes foi efectuada através do método padrão do mata-borrão, tal como recomendado pela International Seed Testing Association (ISTA, 1996). Três pedaços de papel de filtro esterilizado de 9 em (blotters) Whatman No 1 foram embebidos em água destilada esterilizada (SOW) e colocados em placas de Petri de plástico de 9 cm. As sementes a serem testadas foram esterilizadas superficialmente com solução de hipoclorito de sódio (1% de cloro disponível) durante 1 minuto e colocadas nos papéis de filtro húmidos e incubadas durante 7 dias em condições ambientais de luz e temperatura ($28\pm 2°c$) (Mathur *et al.*, 1989). Após 7 dias, as sementes foram examinadas quanto ao crescimento de fungos num microscópio de dissecação. Para confirmar a identificação, os crescimentos fúngicos foram inoculados em placas de ágar dextrose de batata (meio) preparadas para cada fungo, utilizando uma agulha de inoculação até se obterem culturas puras. Foram preparadas lâminas utilizando uma agulha esterilizada para colher os fungos que cresciam no POA e espalhá-los nas lâminas. Foi adicionada uma coloração e observada num microscópio composto com uma ampliação de x 40 para identificação dos organismos fúngicos. Os fungos não identificados foram enviados para a Global Plant Clinic em Surrey, Reino Unido, para identificação.

3.2 Desenhos experimentais.

3.2.1 Deteção de Mycoflora transmitida por sementes,

Foram colhidas aleatoriamente 400 sementes de amostras obtidas de campos infectados na quinta de ensino e investigação da Universidade de Agricultura de Makurdi. As sementes foram esterilizadas à superfície, como descrito no ponto 3.1.2, e colocadas em placas de Petri de 9 mm, forradas com papel de filtro esterilizado húmido e incubadas em condições ambientais de luz e temperatura de $30\pm2°$ c. Foram colocadas 20 sementes por placa de Petri, com um total de 20 placas dispostas num desenho completamente aleatório (CRD), repetido quatro vezes. Após 7 dias de incubação, as sementes individuais foram examinadas quanto à presença de crescimento fúngico num microscópio de dissecação. Foram preparadas lâminas e observadas ao microscópio composto para confirmar a identificação dos organismos fúngicos detectados, conforme descrito no ponto 3.1.2. A identificação foi feita comparando os conídios observados com o manual de identificação padrão (Barnett e Hunter. 1987). Em caso de dúvida, os fungos foram isolados e enviados para a Global Plant Clinic Surrey, Reino Unido, para identificação. A ocorrência individual de cada agente patogénico em cada semente foi contada e a percentagem de ocorrência foi determinada. Os dados obtidos foram analisados conforme descrito na secção 3.3.

3.2.2 Ocorrência de fungos transmitidos por sementes dos tipos vermelho e verde de Roselle na Nigéria

Quatrocentas sementes de cada um dos tipos vermelho e verde de Roselle foram retiradas de sementes obtidas na quinta de ensino e investigação da Universidade de

Agricultura, Makurdi. Foram colocadas 20 sementes por placa de Petri. As sementes foram esterilizadas à superfície com uma solução de hipoclorito de sódio (1% de cloro disponível durante um minuto) e depois enxaguadas em água destilada esterilizada (SDW) antes de serem colocadas em placas. A deteção de fungos transmitidos por sementes foi efectuada através do método padrão de blotter, tal como descrito no ponto 3.1.2.

Foram colocadas 25 sementes por placa. As placas foram incubadas em condições ambientais. Os tratamentos foram dispostos num desenho completamente aleatório (CRD), replicado oito vezes. Após 7 dias de incubação, as sementes individuais infectadas de cada tipo foram contadas e a percentagem de infeção e germinação das sementes foram registadas. Os dados foram analisados conforme descrito na secção 3.3.

3.2.3 Comparação de PDA e blotter e efeito da esterilização de superfície sobre a ocorrência de fungos transmitidos por sementes de Roselle na Nigéria

Para determinar o efeito da esterilização de superfície e do tipo de meio de cultura na ocorrência de fungos transmitidos por sementes de rosela, foram retiradas 400 sementes do lote de sementes da quinta de investigação da Universidade de Agricultura de Makurdi e divididas em dois lotes de 200 sementes cada. Um lote foi esterilizado à superfície com uma solução de hipoclorito de sódio (1% de cloro disponível), enquanto o segundo lote não foi esterilizado. De cada lote, 100 sementes foram colocadas em blotter e PDA, respetivamente. O conjunto de tratamentos factoriais 2x2, constituído por sementes esterilizadas à superfície e sementes não esterilizadas à superfície, colocadas em mata-borrão e PDA, foi organizado num desenho completamente aleatório (CRD) e repetido 4 vezes. O ágar dextrose de batata (PDA) foi preparado adicionando 39 g de PDA do produto Oxoid a 1 litro de água destilada e misturado cuidadosamente, após o que foi autoclavado a 120°c durante 15 minutos. Quando os meios autoclavados arrefeceram até cerca de 40°C, adicionaram-se 100 g de sulfato de estreptomicina para suprimir o crescimento bacteriano, antes de os meios serem vertidos em placas de Petri estéreis e deixados solidificar. As placas foram incubadas em condições ambientais de luz e temperatura durante 7 dias. O método de blotter foi efectuado como descrito anteriormente em 3.1.2. Foram colocadas dez sementes por placa de Petri e foi utilizado um total de 40 placas na experiência. Os tratamentos consistiram em dois métodos (blotter e PDA) e esterilizados à superfície ou não esterilizados à superfície. O conjunto fatorial 2x2 de tratamentos foi organizado num desenho completamente aleatório (CRD) e replicado 4 vezes. Foi registado o número total de espécies de fungos observadas nos dois métodos diferentes. A percentagem de ocorrências foi determinada através da contagem da ocorrência individual de cada agente patogénico em cada semente e a percentagem de ocorrências de cada um foi calculada. Os dados foram analisados como descrito em 3.3. 3.2.4 Ocorrência de organismos fúngicos transmitidos por sementes em três estados da Nigéria Foram recolhidas sementes de diferentes agricultores em diferentes locais de três estados, nomeadamente o estado de Benue (Kwande, Tarka, Makurdi, Guma, Oju. Obi e K.Ala) e o estado de Nasarawa (Lafia, Nasarawa, Obi, Awe, Kokona, Akwanga e Doma).

Estado de Plateau (Langtang North, Mikang, Kanke, Kanam, B/Ladi, Wase e Jos east), todos situados na zona sul da Savana da Guiné da Nigéria, como se explica em 3.1.1. Para determinar a ocorrência de fungos transmitidos por sementes em função da localização, foram colhidas quatrocentas sementes da amostra em bloco de cada estado, conforme descrito em 3.1.1, e plaqueadas utilizando o método padrão de blotter, conforme descrito anteriormente na secção 3.1.2. As amostras de sementes de cada estado serviram como tratamentos. Os tratamentos foram dispostos num CRt) e replicados quatro vezes. Foram utilizadas 25 sementes em cada placa. Cada repetição tem um total de 16 placas, que foram incubadas, em condições

ambientais de luz e temperatura (30 $\pm$ 2°c). Após 7 dias de incubação, as sementes foram avaliadas quanto à ocorrência de cada infeção por fungos transmitidos por sementes, individualmente. A percentagem de germinação e as plântulas resultantes da germinação foram categorizadas em normais, anormais e mortas (não germinadas) (ISTA 1979) sementes. A experiência foi repetida para permitir a utilização de mais amostras de sementes. Os dados foram analisados com base na média dos dois dados recolhidos.

3.2.5 Efeito do tratamento de sementes com fungicidas na ocorrência de fungos transmitidos por sementes de Roselle na Nigéria

3600 sementes foram retiradas ao acaso de sementes de rosela obtidas na quinta de ensino e investigação da Universidade de Agricultura, Makurdi. Nigéria. Cada 400 sementes foram tratadas com vários fungicidas para determinar os seus efeitos na ocorrência de fungos transmitidos pelas sementes. Os tratamentos consistiram em:

i. Seed Plus 20WS (pó molhável contendo 5% a.i. de lmidaclopride + 5% a.i. de metalxil + 10% a.i. Carbcndazim) Agrichcm, à razão de 109 /kg de sementes.
ii. Apronplus SODS (pó molhável contendo 25°;;) a.i. Metaxil +6% a.i. Carboxina + 34% a.i. Furtiocarbe, Apron") Novartis. à razão de 5g/kg de sementes.
iii. Formosan D (pó molhável contendo 25% a.i. Thirarn + 2S(10 a.i. Lindane) BHC, à razão de lSg/kg de semente.
iv. Apronstar 42WS (pó molhável com 2()<% a.1. de tiametoxame + 20% a.i. Metaxyl-M +2% a.i. "Difenoconazole, Apron") Norvatis, à razão de 5g/kg de sementes.

v.   Tolclofos-Metilo (pó molhável com 50% a.1. de Basilex)
Sumitomo, à taxa de 2,5 kg/tonelada.

vi.   Benomyl (Pó molhável contendo 50% de Benlate a.i.") Dupont, em
à razão de 1 kg/t.

vii.   Pencycuron (Pó molhável contendo 12,5% a.i. de Pencycuron,
Monceren") Rhone-pouleuc, à razão de 1 kg/t

viii. AldrexT (Pó molhável contendo 50% a.i AldrexT®) Nacional
Óleo, na dose de 10g/3kg.

ix.   Controlo.

Para saber a quantidade de cada produto químico necessária para o tratamento de 400 sementes, foi calculado o peso médio de 400 sementes utilizando uma balança eletrónica Sartonuis PT 120. Com base no peso médio de 400 sementes, foram estimadas as quantidades necessárias dos vários produtos químicos. As 400 sementes foram colocadas numa saqueta de polietileno transparente de acordo com os tratamentos. A quantidade necessária de produtos químicos foi cuidadosamente adicionada às sementes nas saquetas de polietileno e agitada para misturar bem o conteúdo. Os tratamentos foram dispostos em eRD replicados 4 vezes. Foi utilizado um total de 400 sementes por tratamento e 25 números de sementes por placa. Cada réplica tem 16 números de placas.

3.2.6 Avaliação da deterioração das sementes causada por *Fusarium* spp e *Penicillium* spp nas sementes de rosela *(Hibiscus sabdariffay* na Nigéria).

Foi testada a capacidade de dois agentes patogénicos transmitidos por sementes isoladas de rosela para causar a deterioração das sementes. Um total de 1200 sementes foram retiradas aleatoriamente do lote de sementes do Estado de Plateau, tendo-se verificado que

As culturas puras de Fusarium spp e *Penicillium spp isoladas de sementes de roselha* foram cultivadas em meio de ágar dextrose de batata (PDA) em placas de Petri. Culturas puras de *Fusarium spp* e *Penicillium spp* isoladas de sementes de rosela foram cultivadas em meio de ágar dextrose de batata (PDA) em placas de Petri, incubando os fungos durante 7 dias em condições ambientais de luz e temperatura. Foram adicionados 20 ml de água destilada esterilizada (SOW) a cada uma das placas. Com a ajuda de um bastão de vidro esterilizado, o conteúdo foi suavemente agitado para desalojar os esporos. A suspensão de esporos foi então filtrada através de um pano de algodão esterilizado. Utilizando o heamocitómetro, foi contada a concentração de esporos de cada fungo, após o que as suspensões foram diluídas em série para obter uma concentração de esporos de 1 x 1 Oc) esporos/ml para cada um dos fungos. Foram embebidas 400 sementes em cada tratamento, sendo o tratamento de controlo embebido em água destilada esterilizada (SDW). Após 24 horas de embebição, as sementes foram retiradas e secas durante 48 horas. As sementes foram então colocadas em placas de Petri stcri Ie rotuladas e seladas com fitas eléctricas e mantidas em condições ambientais de luz e temperatura durante 8 semanas para permitir a deterioração das sementes pelos fungos. Para avaliar a deterioração das sementes, as sementes de cada tratamento e do controlo foram esterilizadas à superfície com hipoclorito de sódio (com 1% de cloro disponível durante um minuto) e enxaguadas em três mudanças de água destilada esterilizada. As sementes foram plaqueadas utilizando o método padrão de blotter, tal como descrito na secção 3.1.2. Com 25 sementes por placa, dispostas em CRD e repetidas 4 vezes. A percentagem de germinação e infeção foi registada após 7 dias de incubação em condições ambientais, contando as ocorrências individuais de cada fungo em cada semente e a germinação individual das sementes para cada fungo. Os dados recolhidos foram analisados com ANOYA, tal como descrito na secção 3.3.

3.3 Análise estatística

Todos os dados recolhidos foram submetidos a uma análise de variância (ANOY A) utilizando o pacote estatístico Genstat 5. Os dados percentuais foram transformados utilizando a transformação arco-seno ou raiz quadrada para ter em conta a distribuição não normal dos dados (Gomez e Gomez, 1984) antes da ANOYA. As médias foram separadas utilizando a diferença menos significativa de Fisher (F-LSD).

CAPÍTULO 4
RESULTADOS

O quadro 1 mostra a percentagem de ocorrência de fungos transmitidos pelas sementes de rosela *(H. sabdarifJa)* 7 dias após a incubação em condições ambientais. Os fungos detectados foram *Fusarium spp* (16,40%), *Penicillium spp* (21,30%), *Chaetomium spp (1,17%)*, *Aspergillus niger* vanTiegh (37,33%), *Aspergillus flavus (42,12%)* e alguns que não puderam ser identificados (20,70%). A ocorrência de *Aspergillus flavus* foi significativamente (p<001) mais elevada em comparação com *Chaetomium spp*, mas não foi diferente da ocorrência de *Fusarium spp. Aspergillus niger* vanTiegh. *Penicillium spp* e os outros não identificados. Também a ocorrência de *Fusarium spp, Penicillium spp Aspergillus niger* e outros fungos não diferiu significativamente entre si. *Chaetomiuni spp* teve o valor mais baixo de percentagem de ocorrência. A ocorrência de fungos transmitidos por sementes e a germinação de sementes dos tipos vermelho e verde de rosela após 7 dias de incubação em condições ambientais são apresentadas no Quadro 2. Os dois tipos de rosela não diferiram significativamente em termos de percentagem de infeção e germinação de sementes, embora a percentagem de infeção tenha sido 2,06% mais elevada no tipo vermelho em comparação com o verde.

O quadro 3 mostra o correlação entre PDA e blotter e a esterilização superficial de sementes de rosela com hipoclorito de sódio na percentagem de ocorrência de fungos transmitidos por sementes.

O resultado indicou que as ocorrências percentuais de *Penicillium -\PP* quando as sementes foram esterilizadas ou não esterilizadas superficialmente e cultivadas em blotter foram significativamente (P<0,001) mais altas do que o mesmo tratamento em PDA. A mesma tendência foi observada para *Aspergillus flavus*. Não houve efeitos significativos do tratamento na ocorrência de *Fusarium spp Chaetoniium, spp, Aspergillus niger* e os fungos não identificados.

QUADRO 1 **OCORRÊNCIA PERCENTUAL DE FUNGOS TRANSMITIDOS POR SEMENTES EM ROSELA (H. SAHDARIFFA L.) APÓS 7 DIAS DE INCUBAÇÃO À TEMPERATURA AMBIENTE CONDIÇÕES EM MAKURDI, NIGÉRIA**

FUNGI	%OCORRÊNCIA
Fusarium spp	16.40 (4.05)
Pencillium spp	21.30 (4.62)
Chaetominum spp	1.17 (1.08)
A. Níger	37.33 (1.11)
A flavus	42.(6.49)
Outros	20.70 (4.55)
FLSD)P<0,001)	2.48

Os valores entre parêntesis representam os homens dos dados transformados pela raiz quadrada em que
ANOVA

QUADRO 2 PERCENTAGEM DE INFECÇÃO E GERMINAÇÃO DE DOIS TIPOS DE ROSELA *(II. SABDARIFFA L.)* APÓS 7 DIAS DE INCUBAÇÃO EM CONDIÇÕES AMBIENTAIS EM MAKURDI, NIGÉRIA.

tipo	%infeção	% de germinação
Vermelho	42.38(6.51)	3.76(1.94)
Verde	40.32 (6.35)	2.37 (1.54)
FLSD	NS	NS

NS Não significativo

Os valores entre parêntesis representam os homens dos dados transformados pela raiz quadrada em que

Foi aplicada a ANOVA

TABELA 3: COMPARAÇÃO DE ÁGAR BATATA DEXTROSE (PDA) E BLOTTER (BT) E ESTERILIZAÇÃO DE SUPERFÍCIE NA OCORRÊNCIA PERCENTUAL DE FUNGOS EM SEMENTES DE ROSELA *(H. SABDARIFFA L.)* APÓS 7 DIAS DE INCUBAÇÃO EM CONDIÇÕES AMBIENTAIS EM MAKURDI, NIGÉRIA

% de ocorrência de fungos transmitidos por sementes						
Tipo de suporte	Fusarium spp	Penicillium spp	Chaetomiu m spp	A.niger	A. flavus	Outros

Sementes não esterilizadas à superfície em SDA	23.61(4.91)	0.62 (1.06)	1.49 (1.41)	19.66(4.49)	0.00 (0.717)	16.23(4.09)
Sementes não esterilizadas à superfície em BT	14.48 (3.87)	20.57 (4.59)	0.62 (1.06)	17.31(4.22)	12.54(3.61)	19.93(4.54)
Sementes esterilizadas à superfície em PDA	21.12 (4.65)	3.99 (2.12)	1.49 (1.41)	9.23(3.12)	0.00(0.71)	8.03(2.92)
Sementes esterilizadas à superfície em BT	15.66 (4.02)	18.77 (4.39)	2.63(1.77)	21.22(4.66)	12.96(3.67)	23.61(4.91)
FLSD (P<0,001)	NS	1.84	NS	NS	1.31	NS

Os valores entre parêntesis representam os homens da raiz quadrada $(x+0,5)^{1/2}$ dados transformados em a que foi aplicada a ANOVA

BT = Blooter

PDA = Fúria de Dextrose de Batata

TABELA: 4: OCORRÊNCIA PERCENTUAL DE INFECÇÃO POR FUNGOS TRANSMITIDOS POR SEMENTES EM AMOSTRAS DE SEMENTES DE ROSELA (H. *SABDARIFFA L.)* RECOLHIDAS EM TRÊS ESTADOS E PERCENTAGEM DE GERMINAÇÃO APÓS 7 DIAS DE INCUBAÇÃO EM CONDIÇÕES AMBIENTAIS EM MAKURDI, NIGÉRIA

% de ocorrência de fungos transmitidos por sementes						
Estados	Fusarium spp	Penicillium spp	Chaetomium spp	A.niger	A. flavus	Outros
Benue	8.20 (2.95)	2.09(1.62)	11.89(3.59)	5.21(2.39)	1.52(1.432)	18.40(4.29)
Naasrawa	0.62(1.06)	1.14(1.28)	4.12(2.15)	19.48(4.47	3.58(2.02	69.72(8.35)b
Planalto	0.00(0.71)	1.87(1.54	0.60(1.05	14.09(3.82	0.00(0.71	88.74(9.42)b
FLSD (P<0,001)	1.43	NS	1.37	NS	NS	1.71

Os valores entre parêntesis representam os homens da raiz quadrada $(X+0,5)^{1/2}$ Dados transformados aos quais foi aplicada a ANOVA

O quadro 4 mostra a % de ocorrências de fungos transmitidos por sementes e a % de germinação de amostras de sementes de rosela recolhidas em três estados: Benue, Nasarawa e Plateau. *Fusarium spp* e *Aspergillus niger* foram significativamente (P<0,001) mais elevados no Estado de Benue em comparação com os Estados de Nasarawa e Plateau. Não se registaram diferenças significativas na ocorrência de *Penicillium spp. Aspergillus flavus* e fungos não identificados entre os Estados. *Fusarium .spp* e fungos não identificados estavam ausentes no Estado de Plateau mas presentes nos Estados de Benue e Nasarawa. O quadro 4 indica também que a percentagem de germinação das sementes de rosela foi significativamente (P < 0,001) mais elevada nos Estados de Plateau e Nasarawa em comparação com o Estado de Benue. O Quadro 5 mostra a categorização das plântulas de rosela resultantes da germinação de sementes dos Estados de Benue, Nasarawa e Plateau. A percentagem de plântulas normais foi significativamente (P<0,001) mais elevada nos Estados de Plateau e Nasarawa em comparação com as do Estado de Benue. As sementes anormais e não germinadas foram significativamente (P<0,001) mais elevadas no Estado de Benue em comparação com os Estados de Plateau e

Nasarawa. O efeito do tratamento químico de sementes na percentagem de ocorrência de fungos transmitidos por sementes de rosela é apresentado no Quadro 6. Entre os produtos químicos, Seedplus, Aldrex T e Benornyl eliminaram *Fusarium spp, Penicillium spp, Cheaetomiuni spp* e *A. flavus* nas sementes tratadas. A percentagem de ocorrência de *Fusarium spp* quando as sementes foram tratadas com Fernasan D não foi diferente do controlo, mas foi significativamente ($P<0,001$) mais elevada em comparação com outros tratamentos. Além disso, a percentagem de ocorrência de *Penicillium spp* foi significativamente ($P <0,001$) mais elevada quando as sementes foram tratadas com Tolclofos-metilo em comparação com outros tratamentos, exceto o controlo. A porcentagem de ocorrência de fungos não identificados foi significativamente ($P<0,001$) menor quando as sementes foram

TABELA 5: CATEGORIZAÇÃO DE SEMENTES DE ROSA *(fl. SABDARIFFA L.)* DE TRÊS ESTADOS APÓS 7 DIAS DE INCUBAÇÃO EM CONDIÇÕES AMBIENTES EM MAKURDI, NIGÉRIA

Estado		Categorias	
	Plântula normal	Plântula anormal	Não germinado
	(%)	(%)	Sementes(%)
Benue	11.33(3.44	6.42(2.63	80.68(9.01)
Nasarawa	68.22(8.29)	0.80(1.14)	29.09(5.44)
Planalto	88.24(9.42)	0.00(0.71)	10.39(3.30)
FLSD (P<0,001)	1.92	1.2	2.3

Os valores entre parêntesis representam os homens dos dados transformados pela raiz quadrada $(X+0,5)^{1/2}$ aos quais foi aplicada a ANOVA.

QUADRO 6: EFEITO DO TRATAMENTO DE SEMENTES DE ROSA *(H. SABDARIFFA L.)* COM DIVERSOS FUNGICIDAS NA OCORRÊNCIA PERCENTUAL DE FUNGOS NASCIDOS NAS SEMENTES E NA GERLIMAÇÃO PERCENTUAL APÓS 7 DIAS DE INCUBAÇÃO EM CONDIÇÕES AMBIENTES EM MAKURDI, NIGÉRIA

Produtos químicos	Fusarium spp	Penicillium spp	Chaetomium spp	A.niger	A.Flavus	Outros	Germinação (%)
Semente mais	0.00(0.71)	0.00(0.71)	0.00 (0.71)	0.00 (0.71)	0.00(0.71)	8.14(2.94)	2.00(1.41)
Fernasan D	16.39(4.11)	7.74(2.87	0.00(0.71)	6.90(2.72)	1.49(1.41	6.26(2.60)	2.37(1.53)
Aldrex T	0.00(0.71)	0.00(0.71)	0.00(0.71)	6.90(2.72)	0.00(0.71)	22.44(4.79)	1.37(1.11)
Estrela do avental	3.38(1.97)	4.21(2.17	0.00(0.71)	9.87(3.22)	0.00(0.71)	17.22(4.21)	1.37(1.11)
Avental Plus	0.00(0.71)	0.00(0.71)	0.00(0.71)	8.99(3.08)	0.62(1.06)	0.00(0.71)	1.75(1.32)
Benomil	0.00(0.71)	0.00(0.71)	0.00(0.71)	0.00(0.71)	0.00(0.71)	4.21(2.17)	2.62(1.61)
Pencycuron	2.63(1.77)	44.39(6.70) 3.38(1.97)	2.26(1.66)	2.26(1.66)	0.00(0.71)	4.21(2.17)	2.12(1.44)
Contado%s metil	2.63(1.77)	45.47(6.78)	0.00(0.71)	0.00(0.71)	0.00(0.71)	0.00(0.71)	3.23(1.8)
Controlo	6.63(2.67)	44.39(6.70)	0.62(1.06)	18.16(4.32)	6.79(2.70)	8.14(2.94)	0.83(0.91)

FLSD (P < 0,001)	2.73	2.37	NS	NS	NS	3.23	NS

OS VALORES EM PARENTESIS REPRESENTAM A MÉDIA DOS DADOS TRANSFORMADOS PELA RAIZ QUADRADA AOS QUAIS FOI APLICADA A ANOVA

QUADRO 7: PERCENTAGEM DE INFECÇÃO E ERMINAÇÃO DA ROSELA *(H. SABDARIFFA L.)* APÓS 8 SEMANAS DE INOCULAÇÃO COM SEMENTES FUNGOS TRANSMITIDOS EM CONDIÇÕES AMBIENTAIS EM MAKURDI, NIGÉRIA

FUNGI	% Infeção	% de germinação
Fusarium spp	94.09 (9.70)	5.43(2.33)
Pénicillium spp	89.11(9.44)	10.69 (3.27)
Controlo	13.47 (3.67)	49.70(7.05)
FLSD(P< 0,001)	1.14	2.39

Os valores entre parêntesis representam os homens dos dados transformados em raiz quadrada aos quais foi aplicada a ANOVA, tratados com Benomyl e Tolclofos-metilo em comparação com Aldrex T, Apron Star e Apron Plus. Entre todos os produtos químicos testados, o Benornyl foi o mais eficaz, controlando todos os fungos de sementes encontrados nas sementes de rosela. O quadro 7 mostra a percentagem de infeção e de germinação das sementes artificialmente inoculadas com *Fusarium spp* e *Penicillium spp*. A percentagem de infeção foi significativamente (P:sO.OO 1) mais elevada quando as sementes foram inoculadas com *Fusarium spp* e *Penicillium spp* em comparação com o controlo, enquanto a percentagem de germinação foi significativamente (P:sO.OO 1) mais elevada no controlo em comparação com as sementes inoculadas. *O Fusarium spp reduziu* a germinação das sementes em 94,57%, enquanto o *Penicilllium spp* reduziu a germinação em 89,3%.

CAPÍTULO 5

DISCUSSÃO

As sementes de alta qualidade são reconhecidas como um importante fator de produção agrícola. As sementes de alta qualidade são caracterizadas por uma elevada percentagem de germinação, pureza e ausência de agentes patogénicos transmitidos pelas sementes. Neste estudo, uma vasta gama de fungos transmitidos por sementes, incluindo *Fusarium spp, Peniclliuin spp, Aspergillus niger. Aspergillus flavus, Chaetomi um Spp e* alguns não identificados foram detectados. Entre os fungos identificados, *Aspergillus spp. Penicillium ~pp* e *Fusarium spp* foram os mais predominantes. Estes fungos causaram a deterioração das sementes, resultando numa germinação deficiente ou baixa das sementes afectadas. A maioria destes fungos foi relatada como sendo transmitida por sementes noutras culturas, como o milho e o feijão-frade (Maduekwe e Urnechuruba, 1992; Owolade *et al.,* 2002). Estes fungos também foram classificados como os principais agentes patogénicos produtores de micotoxinas por Subong *et a.l* (1998). *O Fusarium spp* foi observado nesta investigação. As sementes de rosela inoculadas com *Fusarium spp* apresentaram uma percentagem elevada de infeção e reduziram a germinação das sementes em 94,57%. Mathur *et al.* (I 975) referiram que *Fusarium spp* reduziu a germinação e o crescimento de plântulas em sorgo. Um relatório semelhante foi apresentado por Arseniuk *et al.* (1991), segundo os quais as *Fusarium spp* transmitidas pelas sementes reduziam a capacidade de germinação das sementes de trigo e provocavam o míldio das plântulas em triticale. Isto sugere que, sob forte infeção por *Fusarium spp*, o valor de plantação das sementes de rosela será reduzido. Sabe-se que as *Fusarium spp* produzem micotoxinas (Agrios, 1988), que contaminam e deterioram os grãos durante o armazenamento (Chelkowski, 1991).

A ocorrência de *Aspergillus niger* nas sementes de rosela incubadas é elevada em percentagem e afecta a qualidade das sementes e a germinação. Foi referido que *o A. niger* reduz a germinação em abóbora, pepino, melancia e melão em mais de 50% (Karnble *et al..* 1999). Verificou-se a presença de *Penicillium spp.* entre os isolados, afectando a qualidade das sementes e a germinação. Mohammed *et al.* (1999) registaram uma correlação positiva significativa entre a frequência de *Penicillium spp* e a percentagem de infeção das sementes de algodão, a germinação e a incidência da doença thc nas plântulas de algodão. Também se verificou que *Penicillium spp* e *Fusarium spp* infectam embriões em sementes de algodão (Lima *et al.,* 1998). Ushamalini *et al* (1998) registaram alterações nos constituintes bioquímicos do endosperma de feijão-frade devido a fungos transmitidos pelas sementes, nomeadamente *Fusarium spp, A. niger* e *A. flavus.* Registaram uma correlação negativa entre o armazenamento de sementes de feijão-frade infectadas com agentes patogénicos transmitidos pelas sementes e o teor de açúcar e proteinas. A atividade dos fungos transmitidos pelas sementes, que se alimentam do cotilédone, pode afetar o embrião, que também se alimenta do cotilédone até ao estabelecimento das raízes. Assim, a semente não pode germinar numa situação em que germina, a semente torna-se anormal devido à depleção de nutrientes essenciais. Os fungos transmitidos pelas sementes, incluindo *A. niger, A flavus, Penicillium spp* e *Fusarium spp,* produzem enzimas de degradação da parede celular (pectinesterase e poligalacturonase) que libertam os nutrientes subsequentemente utilizados pelo agente patogénico (Sigh *et al.,* 1991; Kanaan e Bahkali, 1993). Nesta investigação, a infeção por *Fusarium* e

O Penicillium spp resultou numa fraca germinação de sementes de rosela, o que pode dever-se a estas enzimas que degradam a parede celular e destroem a fonte de nutrientes para um embrião em germinação. São considerados vários critérios para a seleção de um procedimento adequado de ensaio de rotina da salubridade das sementes (SI-IT) a utilizar. Um deles é que deve ser capaz de revelar os agentes patogénicos numa percentagem máxima. O crescimento, o isolamento, a identificação e a incidência percentual dos vários fungos isolados foram afectados pelo tipo de meio de incubação utilizado para a deteção ou o isolamento de fungos. A partir desta investigação, o método do mata-borrão foi mais eficaz do que o ágar dextrose de batata para revelar *Penicillium spp* e *Aspergillus flavus.* O meio do mata-borrão produziu mais fungos transmitidos por sementes, para além de as sementes apresentarem mais infecções múltiplas por fungos. Esta constatação está de acordo com as conclusões de Maduekwe e Umechuruba (1992), que recomendaram o meio de blotter para os testes de rotina de controlo sanitário de sementes de feijão-frade da variedade local "Akidi", com base nos critérios acima referidos. A ocorrência de *Fusarium spp* foi maior em PDA do que em blotter. Este facto confirmou o relatório de Tylkowska e Dorna (1990), segundo o qual *os Fusarium spp transmitidos por* sementes de feijão comum preferiam o ágar dextrose de batata.

Esta forma de preferência notada para *Penicillium spp em* relação ao mata-borrão também foi relatada por Maduekwe e Umechuruba, (1992) que observaram que o método do mata-borrão era melhor na deteção de A. *terreus,* C. *lunata* e *Penicillium spp* em sementes de feijão-frade.

A esterilização da superfície das sementes antes do plaqueamento não teve qualquer efeito sobre a percentagem de ocorrência de fungos. Isto implica, portanto, que os fungos isolados eram transmitidos pelas sementes e não apenas contaminantes da superfície. A ocorrência de fungos transmitidos por sementes diferiu entre os Estados investigados. Isto pode dever-se a factores ambientais como a precipitação, a humidade relativa e a temperatura.

O desenvolvimento da doença é influenciado pela temperatura e pela humidade relativa (Agrios 1988). Nasir (2003) encontrou factores ambientais que afectam a incidência de fungos transmitidos por sementes de soja quando 39 espécies de fungos foram isoladas no sudoeste do Paquistão em comparação com 15 espécies de fungos transmitidos por sementes de soja isoladas da província fronteiriça do noroeste do Paquistão. Jordan eta al, (1986) encontraram também factores ambientais na incidência de fungos transmitidos por sementes de soja no norte e no sul do Illinois como factores preponderantes na predisposição das sementes para a infeção fúngica, independentemente dos tipos de solo.

Ekefan e Adie (2003) também atribuíram a disparidade na distribuição de fungos observada em sementes de amendoim de diferentes locais às diferenças de humidade dos vários locais. Benue tem uma temperatura máxima diária de 37º C, Nasarawa State 34°C e Plateau State 25°C com humidades relativas de 75%, 70% e 60%, respetivamente (Anonymous 2004; 2006). O Estado de Bcnue tem mais infecções por fungos, o que pode ser devido à temperatura e humidade relativa, que é mais elevada do que nos outros estados. Isto é confirmado por Usharnalini *et al.* (1998) que observaram uma correlação negativa entre a percentagem de infeção de *Fusarium spp* e *Aspergillus spp* e a percentagem de germinação com o aumento da temperatura de armazenamento em feijão-frade.

Também observaram que quando a humidade relativa aumenta e o tempo de armazenamento aumenta, a redução da germinação das sementes também aumenta. À medida que se passa do estado de Benue para o estado de Nasarawa e depois para o estado de Plateau, a temperatura e a humidade relativa mudam, por exemplo, a temperatura e a humidade relativa de que os fungos necessitam reduzem a sua percentagem de ocorrência. O estado de Benue registou inesperadamente uma menor percentagem de ocorrência de *A. jlavus* em comparação com outros estados. Bilgraini e Choudhary (1991) referiram que a coexistência de *Fusarium spp* com *A. flavus* estava negativamente correlacionada com temperaturas elevadas. Isto pode explicar a baixa ocorrência de A. *flavus* no estado de Benue, onde *Fusarium spp* era mais predominante do que *A. flavus,* provavelmente em resultado do nível elevado de temperatura em comparação com os outros estados.

O tratamento de sementes com fungicidas tem por objetivo proporcionar uma proteção adequada às sementes e plântulas até que se desenvolva uma resistência natural na planta (Gay, 1970; Ekefan e Adie, 2003). Os fungos transmitidos por sementes de rosela variaram significativamente nas suas respostas aos oito produtos químicos. Da mesma forma, foram observadas variações na toxicidade dos produtos químicos quando aplicados a sementes infectadas em blotters. *Fusarium spp* e *Penicillium spp* foram resistentes à maioria dos produtos químicos, exceto Benomyl, Aldrex T, ApronPlus e Seedplus. Isto pode provavelmente dever-se à atividade sistémica destes produtos químicos, porque contêm compostos como a carboxina, o benomil, o mctalaxil e o triadimenol, que têm a capacidade de penetrar na semente (Agrios, 1988). Nakawaka *et al.* (1997) referiram que o Benomyl proporcionou um bom controlo de *Fusarium spp* em sementes de feijão-frade em blotter. Enikuornehin *et al.* (2002) referiram que o Benlate era mais tóxico para *Fusarium spp,* C. *lunata* e S. *rolfsi,* que são agentes patogénicos do trigo transmitidos por sementes. Os produtos químicos utilizados reduziram geralmente a incidência dos agentes patogénicos.

CONCLUSÃO E RECOMENDAÇÃO

CONCLUSÕES

As sementes de rosela *(Hibiscus sabdariffa L.)* foram avaliadas quanto à ocorrência de fungos transmitidos por sementes. Foram identificados vários organismos. Estes incluem. *Fusarium spp, Penicilliun spp, Aspergillus flavus. Aspergillus nisrer van Tie e Chaeteinium spp* e alguns fungos não identificados. A germinação é um indicador importante da qualidade das sementes. Neste estudo, verificou-se que os fungos que atacam as sementes afectam significativamente a sua germinação, causando assim a sua deterioração. A ocorrência de muitos fungos que atacam as sementes desta cultura indica que a rosela é vulnerável a muitas doenças, que podem afetar negativamente a produção da cultura. Para o teste de rotina do estado sanitário das sementes, foram comparados dois métodos (PDA e Blotter). Com base nos resultados, o Blotter permite um maior isolamento e identificação de fungos transmitidos pelas sementes, com ou sem esterilização da superfície das sementes. A importância do tratamento de sementes foi demonstrada neste estudo para o controlo de fungos transmitidos por sementes. Embora todos os fungicidas tenham proporcionado um certo nível de controlo, o Benomyl e o Seed Plus foram os produtos químicos mais eficazes no controlo de fungos transmitidos por sementes de rosela, nas taxas de 1kg e 109/kg, respetivamente, quando as amostras de sementes de três estados indicaram que o estado de Benue tem a maior ocorrência de agentes patogénicos fúngicos, seguido do estado de Nasarawa e do estado de Plateau, que é o que tem a menor incidência de fungos. Consequentemente, as sementes de rosela do Estado de Benue têm uma percentagem de germinação muito baixa e uma percentagem elevada de plântulas anormais em comparação com as obtidas nos Estados de Nasarawa e Plateau, respetivamente. Um estudo comparativo dos fungos associados às sementes de rosela obtidas separadamente dos três Estados mostrou semelhanças na natureza das sementes da maioria dos principais agentes patogénicos, com exceção do *Fusarium :.,pp.* Em resultado disto, existe a possibilidade de desenvolver uma estratégia comum para o controlo dos fungos transmitidos por sementes de rosela que é cultivada nos Estados.

RECOMENDAÇÕES

Com base no número e na gama de fungos transmitidos por sementes isolados e identificados utilizando o procedimento em meio de mata-borrão, o método é recomendado para os programas de controlo sanitário de sementes de rosela. Além disso, o método é mais barato, mais simples e mais fácil de executar. As sementes de rosela devem ser tratadas com Benornyl ou Seed Plus nas doses de I kg/t e I0g/kg antes do armazenamento para evitar ou reduzir a infeção fúngica. Devem ser efectuados trabalhos adicionais para rastrear a resistência dos germes de rosela contra infecções fúngicas transmitidas por sementes. Recomenda-se também que sejam incentivadas medidas integradas de controlo de doenças para esta importante cultura. Deve ser efectuado um estudo da transmissão de doenças das sementes para o campo ou para a rosela, com vista a determinar a possibilidade de os fungos transmitidos pelas sementes causarem doenças foliares ou de campo.

REFERÊNCIAS

Agrios, G.N. (1988), *Plan! Pathology 3rd* edition *Acadcmic prcss Illc.* 803pp. Alegbejo M.D. (2000), The Potentials of Roselle as an Industrial Crop in *Nigeria. /l/oI/JCI.* 14: *J-3*

Alegbejo, lO. (2001), Processing Utilization and Nutritional Values of Okra and Roselle *Noma 15:43-46*

Almekinders, C e Louwaars, N (1999), Farmers Seed Production: New Approaches and Practices. Intermediate Technology Publications I .td. Londres, p. 291.

Amusa N.A. (2004), Foliar blight of roselle and its effects on yield in tropical forest region of South Western Nigeria. *Mycopathologio* 157

Amusa N.*A.;* Kogbe lO.S e Ajibade S.R. (2001), Stem and Folia Blight in roselle *(Hibiscus sabdariffa L. var sabdariffa)* in the Tropical Forest Region of Southwestern Nigeria. *The journal of Horticultural Science and Biotechnology,* 76 (6): 681-684

Anónimo (2004) Estado do Planalto 24/2/2006 http://www.online plateau stale gov.org

Anónimo (2006), Nigéria: Cenário físico (Estados de Benue e Nasarawa) 24/2/2006. <http://www.onlinenigeria.com>.

Arseniuk, E; Scharen, A.L e Czombor, H.J (1991), Pathogenicitiy of seed transmitted *Fusarium spp* to triticale seedlings. *Mycotoxin Research* 7:121-127.

Babalola, S.D.; Babalola A.O. and Aworh, O.C (2001), Compositional attributes of the calyces of roselle *(Hibiscus sabdariffa L.). O Jornal de Tecnologia Alimentar em* África **4:** 133-134

Barnett I-LL e Hunter B.B (1987), Illustrated genera of imperfect fungi 4th edition: Macmillan Publishing Company USA 219pp.

Bilgraini, K.S. e Choudhary, A.K (1991). Efeito dos factores climatológicos na incidência de *Aspergillus flavus* em relação à micoflora coexistente nos grãos de milho. *Indian Phytopathology* 44(4): 527-528.

Borgen, A (2004): Controlo de doenças transmitidas por sementes na propagação de sementes biológicas. In: *Actas da primeira conferência mundial 011 sobre sementes biológicas desafios e oportunidades para a agricultura biológica e a indústria de sementes 5-7 de julho Sede do FAD Roma-Itália* 1: 170 171.

Borgen. A e Davanlou, M (2000), Biological control of common bunt in organic agriculture. *Journal of crop production* 3(5): 159-17-1-.

Chelkowski, J. (Ed) (1991): Cereal grain mycotoxins, fungi and quality in drying and storage. Elsevier science publishers Amsterdam. Países Baixos. 607 pp.

Chiarappa, L. (1988): Worldwide losses due to Seed-borne diseases in: seed pathology (Eds, Mathur S.B and Johs Jorgenson). *Actas do Seminário do CTA* realizado em Copenhaga, Dinamarca, de 20 a 25 de[th] junho de 1988.

Cícero. S.M.; Chamma, H.M; November, .A.D.L.e and Moraes, M.l-l.D. (1992) Qualidade fisiológica e sanitária de sementes de milho submetidas a diferentes tratamentos fungicidas. *Ciência e Tecnologia de Sementes 20* (3) 695-702.

Dararnola A.M (1985), Effect of age at harvest on insect infestation. seed viability and seedling vigor of the edible Roselle *(Hibiscus sabdariffa var. sabdariffa L.)* in southern Nigeria. *Jornal Nigeriano de Proteção das Plantas* 9: 49-53.

Dhingra, O. D e Sinclair, .I. B (1985), Basic Plant pathology methods CRC Press, Inc., EUA 355pp. EUA 355pp.

Dupriez, H. e Deleener, P (1989): Land and Life African Gardens and Orchards Growing Vegetables and fruits (Terra e Vida - Hortas e Pomares Africanos - Cultivo de Vegetais e Frutos). Macmillan Publishers. 333 pp.

Ekefan, E.J e Adie, P (2003), Ocorrência de fungos e efeito do tratamento fungicida de sementes na percentagem de incidência e viabilidade de sementes de amendoim no Estado de Benue, *Nigéria. Jornal Nigeriano de Proteção das Plantas.* **20:** 93-99

Enikuomehin, O.A.; Ikotun, T and Ekpo, E.J.A (2002), Effect of some seed dressing fungicides on seed-borne pathogens of rain-fed wheat. *Moor Journal of Agricultural Research* 3(2): 270-275.

Eno, H. (2000), Another Base income Earner Zobo Drink. *Success Digest, junho,* pp

22-23.

Gay .1 .D. (1970), Fungicidal activity of potassium oxide as a seed treatment. *Plant disease reporter* **54**: 604-605.

Godika, S; Agrawal, K e Singh, T. (J 999). Incidência de *Rhizoctonia bataticola* em sementes de girassol cultivadas em Rajasthan. *Journal of mycology and plant Pathology* 29(2) 255-256.

Gomez, K.A. e Gomez A.A. (1984). Statical procedures for Agricu Itural Research (2nd edition) John Willey and Sons, London pp 7-13 Goulart. A.C.P. (1992). Efeito de fungicidas no controlo de agentes patogénicos em *sementes* de algodão *(Gossypium hirsutum) summa Phytopathological 18(2):* 173-177.

Hansing, £.0. (1978), Techniques for evaluating seed treatment fungicides in: methods for evaluating plant fungicides, Nematicides and Bacterials Ed. Zehr E.! *The American Maytopathological Society.*

ISTA (1979). Handbook on Seedling evaluation International seed Testing Association Zurich Switzerland.

ISTA (1996), Associação Internacional de Ensaios de Sementes: *Seed science and technology vol. 24.*

jordan, E.G; manandhar J.B. thapliyal, P.N e sindair, .J.B (1986), *Factors affecting soybean seed quality in Illinois plant disease 70:* 246-248.

Kamble, P.; Borker. G.M e Patil, D.V (1999), Studies on seed borne Pathogens of pumpkin, cucumber, watermelon and muskmelon. *Journal of soil and crops* 9(2): 234-238.

Kanaan, Y.M and Bahkali, A.H (1993), Frequency and cellulolytic activity of seed borne *Fusarium spp* isolated from Saudi Arabia cereal cultivars. *ZeitschriJt for pflanzen krankheinten and pflanzenschut: 100* (3): 291-298.

Khalid, R. e Swanson, J. (1999). Seed treatment for the International selerotinia workshop, Fargo, N.D. 9-12 September, 1998 (Edited by Nelson, B.D. and Gilya, T..l.) Fargo, U.S.A.

Khan M.A.I, Hossain M.S, Rahman M.A, Hossain S.M.S e Rahman G.M.M., (2002) Solar heat: It is use for controlling Seedborne fungal infections of wheat. *Pakistan Journal of Biological sciences* 5(4): 449-451.

Latunde, D.A.O e Lucas, .1.A. (2001): O ativador de defesa de tinta acibenzolar-s-metil primesa mudas de feijão-caupi (vigna unguriculatal) para rápida indução de resistência. *Fisiologia e patologia molecular de plantas* **58** (5): 199-208.

Lima, E.F. and Araujo, A.E DE (1998), Funji transportados e transmitidos por sementes de algodão do estado de Mato Grosso Brasil *Revista de oleaginosas e flbrosas* 2(3): 177182.

Maduekwe, B.O e Umechuruba C. I. (1992), Evaluation of classical seed health testing methods for the defection of cowpea seed-borne fungi. *Jornal de Botânica da Nigéria.* 5: 119 - 124.

Manandhar, J.B; Thaliyal, P.N; Cavanaugh K.l e Sinclair. J,B (1987), Interação entre fungos patogénicos e sapróbios isolados 11'0111 raízes e sementes de soja *mycopathogia,* 98: 69-75.

Mathur S.K; Mathur S.B e Nneegard P. (1975), Deteção de fungos transmitidos por sementes de sorgo e localização *de Fusarium moniliforme* na semente. *Ciência e tecnologia das sementes* 3: 683-690

Mathur. S.B, Singh, Kulwark e Henrik J.H (1989), A working manual on some seed-borne fungal Diseases. Danish Government Institute of seed pathology for Developing countries, Hellenap, Dinamarca. 1 17 pp.

Mcmullen, P.M e Lamey, B.A. (2000), Seed treatment for disease control.

Serviço de Extensão da NDSU. 447 pp.

Mohammed H.Z; Salam. F.B: Elsa, H.A. e EI-Wakil, A.A (1999): Effect of Cotton seed delitning on seed-borne fungi emergence and seedling disease incidence. *Jornal Egípcio de Investigação Agrícola* 77(3): 1007-1021.

Morton, J. (1987) Roselle in: Fruits of Warm Climates (Ed. Morton, J.) Miami: Florida pp 281-286.

Nakawaka, C.K; Mathur S.B e Adipala, E (1997), Seed-borne fungi and seed health of cowpea. *Actas da conferência africana sobre ciência das culturas,* 3:1099-1104.

Nasir, N. (2003), Detecting seed-borne fungi of soybean by different incubation methods *Pakistan Journal of Plant Pathology* 2(2): 1 14 118.

Neilsen B.J; Borgen A. and Kristesen, L (2000), Control ofSeecllings diseases in production of organic cereals. *Conferência de Brighton do BCPC sobre pragas e doenças* 1: 171-176.

Olunloyo, O.A. (1973), Studies on the root and stem root diseases of Roselle *(Hibiscus sabdariffaL.)* Phd Thesis, University of Ibadan, Ibandan 260pp.

Olunloyo, O.A. e Adeniji M.O. (1976), The Influence of NPK Ierti lizers on the root and stem rot disease of Roselle caused by *Phytopluhora parasitica var nicotinaae. Nigeria Journal of Plant Protection 2:84* 87.

Onyenekwe, P.C (1998). Efeito anti-hipertensivo da infusão de cálice de rosela (I-I. Sabdari ITa) em ratos espontaneamente hipertensos e comparação da sua toxicidade com a de ratos aquáticos. *Journal of biochemistry and cell fUJ1ctionll1:120-126.*

Ottai, M.E.S: Abde-moneim, A.s.H and El-rnergaw, R.A. (2004), Effect of variety and location on growth and yield components of Roselle *(Hibiscus sabdarifJa L.)* and its infestation with the spiny boll worm *tEarias insulana* BOISD) *Archieves of phyhopathology and plant protection.* 37: 215-231.

Owolade, O.F: Fawole, B. e Oosikanla Y.O.K (2002), Evaluation of seed health testing methods for seed-borne fungi of maize (Zearnays) *Moor Journal of Agricultural Rresearch* 3 (2): 285-288.

Payne, R.W., Lane, P.W., Ainsley, A.E. Bieknell, K.E., Kigby, P.CJ.N !larding, S.A. Leech, P.K. Simpson, H.R., Todd, A.D., Verrier. P..I., White, Gower, r.c., Tunnicliffe, W.G e Paterson, 1..1. (1987). *Genstat 5 Reference Manual.* Clarendon Press, Oxford.

Popoola, T.O.S. e Akueshi e.O. (1986). Fungos e bactérias transmitidos por sementes de soja na Nigéria. *Samaru Journal of Agricultural Research* 4(I &2) 45-49.

Reddy, G.R; Reddy, A.G. e Rao, K.e. (1991). Efeito de diferentes fungicidas de tratamento de sementes contra certos fungos de sementes groundnui. *Journal of oil seeds research* 8(1) 79-83.

Rong, 1. (2000), Kamal bunt of wheat defected in South Africa. *Notícias sobre proteção de plantas.* 58: 15-17.

Rong. 1. (2000). A broca do trigo foi desinfectada na África do Sul. *Notícias sobre proteção de plantas.* **58:** 15-17.

Schippers, R.R (2000), African indigenous vegetables. Uma visão geral das espécies cultivadas NRI Greenwich 214pp.

Schippers, R.R. (2000). Vegetais indígenas africanos. Uma visão geral das espécies cultivadas NRI Greenwich 214pp.

Shetty, H.S. (1988), Type of damages caused by seed-borne fungi in: seed pathology

(Ed. Mathur, S.B. and Johs Jorgenson)*Proceedings of the CTA Seminar held at Copenhagen, Denmark on 20-25 June 1988.*

Shetty, H.S. (1992). Type of damages caused by seed-borne fungi in: Patologia das sementes (Mathur, S.B. e Johs Jorgenson Ed) *Actas do Seminário CTA realizado em Copenhaga, Dinamarca, de 20 a 2 de junho de 1988*

Singh D.P. Sharma, A.K. e Grewal, A.S. (2001). Loose smut resistant lines in wheat and triticale with combined resistance to Kamal bunt, rusts, powedery Mildew and leaf blight, *wheat information service* No. 92, 27-29.

Singh, K and Mathur, S.B (1992), Further evidence of transmission of *Sarocladium Oryzae* through rice seeds and its quarantine significance. *Phyhopathology 45:454-456.*

Singh, P.L., Gupta, M.N e Singh, A.L. (1991), Cellwall degrading enzymes production by seed-borne fungi isolated from chilgoza *(pinus gerardiana* wall) *Indian journal of mycology and Plant pathology* 21(3:) 265-267.

Subong Paik; Yeung Kim Eun; Chung Illmin e Yu Seunghun (11)l)~). Levantamento e controlo da produção de agentes patogénicos produtores de micotoxinas em cereais pós-colheita (trigo, feijão, milho) *Korean Journal of Plant Pathology* 14(5): 531-536

Tindall, H.D. (1983), Vegetables in the tropics. Macmillan Press l.td:Londres. Pp 333-334

Tylkowska, K. e Dorna, H (1990), The usefulness of two methods for detecting pathogenic fungi in common bean seeds. *Hodowk Roslin, Aklinniatyzacja Inasien nictwo* 32 (3-4); 101-110.

Ushamalini, C; Rajapkan K, and Konsalya, G. (1998), Seed-borne mycotlorea of cowpea *ivigna unquiculation* (L) WAP) and their effect on seed germination under different storage conditions. *Ata phylopathologica et Entomologica Hunzarica 33 (214):285-290.*

APÊNDICE 1
Valor nutritivo da folha de rosela fresca

Valor nutritivo		Montante
Água	-	85.08
Proteína	-	3.30g
Gorduras	-	0.30g
Hidratos de carbono	-	9.00g
Fibra	-	1.60
Cálcio	-	213,00mg
Fosfato	-	93,00mg
Ferro		4,80 mg
B-Caroteno	-	4,10mg
Vitamina B.	-	0,17mg
Vitamina B2	-	0,45 mg
Niacina	-	1,20 mg
Vitamina C	-	54,00mg

Fonte: Schippers (200)

Valor alimentar por I OOg de porção comestível

Calvces Fresh

Humidade-	9.28
Proteína-	1.145g

Gordura-	2.61g
Fibra-	6.90g
Cinzas	1.263g
Cálcio-	273mg
Fósforo	8,98 mg
Ferro-	0,029mg
Carolene-	0,117mg
Tiamina	0,277mg
Riboflavina-	3,765 mg de niacina
Ácido Ascórbico-	6,7 mg

Fonte: Morton (1987)

Sementes

	Humidade-	12.9%
Proteína	-	3.29%
Óleo gordo	-	16.8%
Celulose	-	16.8%
Pentosanos	-	15.8%
Amido	-	11.1%

Fonte: Morton (1987)

APÊNDICE 2

Ocorrência percentual de fungos transmitidos por sementes:

ANOVA

Fonte de variação	df	s.s	m.s	v.r	F.Pr
Tratar	6	83.8513	13.9752	16.57	<0.001
Residual	21	17.7132	0.8435		
Total	27	101.5645			
S.e.d	0.649				

Efeito de genótipos de Roselle (tipos Vermelho e Verde) 011 na ocorrência de fungos transmitidos por sementes. (Percentagem de infeção)

ANOVA

Fonte de variação:	d.f	s.s	m.s	v.r	F.Pr
Tipos	11	0.10081	0.10081	1.68	0.216
Residual	14	0.84189	0.06013		
Total	15	0.94269			
S.e.d	0.1226				

Percentagem de germinação dos tipos vermelho e verde de Roselle.

ANOVA

Fonte de variação:	d.f	s.s	m.s	v.r	F.Pr
Tipos	1	0.6241	0.6241	1.11	0.310
Residual	14	7.8579	0.5613		

	15	8.4820			
Total	15	8.4820			
S.e.d	0.375				

Efeito da esterilização da superfície e do tipo de meio de cultura na ocorrência de *Fusarium SIJP*
ANOVA

Fonte de variação:	d.f	s.s	m.s	v.r	F.Pr
Tipos	3	2.996	0.999	0.74	0.547
Residual	12	16.153	1.346		
Total	15	19.149			
S.e.d	0.820				

Efeito da esterilização da superfície e do tipo de meio de cultura na ocorrência de *Fusarium SIJP*
ANOVA

Fonte de variação:	d.f	s.s	m.s	v.r F.Pr
Tipos	3	35.9007	11.9669	32.90 <0001
Residual	12	4.3646	0.3637	
Total	15	40.2652		
S.e.d	0.426			

Efeito da esterilização da superfície e do tipo de meio de cultura na ocorrência de Chaetomium spp.

ANOVA

Fonte de variação:	d.f	s.s	m.s	v.r	F.Pr
Tipos	3	0.9940	0.3313	0.57	0.644
Residual	12	0.9584	0.5799		
Total	15	7.9524			
S.e.d	0.538				

Efeito da esterilização da superfície e do tipo de meio na ocorrência de Aspergillus spp.

ANOVA

Fonte de variação:	d.f	s.s	m.s	v.r	F.Pr
Tipos	3	5.741	1.914	1.60	0.240
Residual	12	14.311	1.193		
Total	15	20.053			

S.e.d	0.773				

Efeito da esterilização da superfície e do tipo de meio na ocorrência de Aspergillus spp.

	ANOVA				
Fonte de variação:	d.f	s.s	m.s	v.r	F.Pr
Tipos	3	34.3181	11.4394	62.29	<0.001
Residual	12	2.3181	0.837		
Total	15	36.5220			
S.e.d	0.303				

Efeito da esterilização da superfície e do tipo de meio de cultura na ocorrência de outros fungos não identificados transmitidos por sementes

	ANOVA				
Fonte de variação:	d.f	s.s	m.s	v.r	F.Pr
Tipos	3	8.8505q	2.9502	3.89	0.037
Residual	12	9.0952	0.7579		

	15	17.9457			
Total	15	17.9457			
S.e.d	0.616				

Percentagem de ocorrência de *Fusarium spp* em três Estados:

ANOVA

Fonte de variação:	d.f	s.s	m.s	v.r	F.Pr
Tipos	2	11.6611	5.8306	32.371	<0.001
Residual	9	1.6210	0.1801		
Total	11	37.2812			
S.e.d	0.300				

Percentagem de ocorrência de Penillium *spp* em três Estados:

ANOVA

Fonte de variação:	d.f	s.s	m.s	v.r	F.Pr
Tipos	2	0.2379	0.1190	0.19	0.831
Residual	9	5.6807	0.6312		

Total	11	5.9187			
S.e.d	0.562				

Percentagem de ocorrência de Apergillus Niger em três Estados:

ANOVA

Fonte de variação:	d.f	s.s	m.s	v.r F.Pr
Tipos	2	12.2029	6.1014	37.34 <0.001
Residual	9	1.4705	0.11634	
Total	11	13.6734		
S.e.d	0.286			

Percentagem de ocorrência de Apergillus flavus em três Estados:

ANOVA

Fonte de variação:	d.f	s.s	m.s	v.r	F.Pr
Tipos	2	8.9987	4.4994	8.42	<0.001
Residual	9	4.8117	05346		
Total	11	13.8104			
S.e.d	0.517				

Percentagem de ocorrência de outros fungos sublinhados transmitidos por sementes de três Estados:

ANOVA

Fonte de variação:	d.f	s.s	m.s	v.r	F.Pr
Tipos	2	3.4141	1.7071	9.01	<0.001
Residual	9	1.7060	0.1896		
Total	11	5.2201			
S.e.d	0.3087				

Percentagem de germinação de amostras de sementes de três Estados:

ANOVA

Fonte de variação: d.f		s.s	m.s	v.r	F.Pr
Tipos	2	58.4501	29.2250	114.381	<0.001
Residual	9	2.2997	0.2555		
Total	11	60.7497			
S.e.d	0.357				

Percentagem de sementes normais após a germinação em três Estados:

			ANOVA		
Fonte de variação: d.f		s.s	m.s	v.r	F.Pr
Tipos	2	80.6990	40.3495	125.70	1 <0.00
Residual	9	2.8889	0.3210		
Total	11	83.5879			
S.e.d	0.401				

Percentagem de sementes anormais após a germinação em três Estados:

ANOVA

Fonte de variação: d.f		s.s	m.s	v.r	F.Pr
Tipos	2	8.1078	4.0539	32.34	1 <0.00
Residual	9	1.1283	0.1254		

Total	11	9.2361			
S.e.d	0.250				

ANOVA

Percentagem de sementes anormais após a germinação em três Estados:

Fonte de Vari	ação: d.f	s.s	m.s	v.r	F.Pr
Tipos	2	66.4669	33.2334	83.90	<0.001
Residual	9	3.5650	0.3961		
Total	11	70.0319			
S.e.d	0.445				

ANOVA

Tratamento químico eficaz na ocorrência de Fussaium spp

Fonte de variação: d.f		s.s	m.s	v.r		F.Pr
Tipos	2	42.938	5.367	4.90	1	<0.00
Residual	9	29.586	0.096			

Total	11	72.524			
S.e.d	0.740				

Tratamento químico eficaz na ocorrência de Pencillium spp

ANOVA					
Fonte de variação: d.f		s.s	m.s	v.r	F.Pr
Tipos	2	176.7661	24.5958	29.90	<0.001
Residual	9	22.2122	0.8227		
Total	11	218.9783			
S.e.d	0.641				

Tratamento químico eficaz na ocorrência de Chaetomium spp

ANOVA				
Fonte de variação: d.f	s.s	m.s	v.r	F.Pr

	d.f	s.s	m.s	v.r	F.Pr
Tipos	2	0.44180	0.05523	1.00	9 0.45
Residual	9	1.49108	0.05323		
Total	11	1.93287			
S.e.d	0.1662				

Tratamento químico eficaz na ocorrência de Aspergillus niger

			ANOVA		
Fonte de variação: d.f	s.s	m.s	v.r	F.Pr
Tipos	8	55.190	6.899	2.91	8 0.01
Residual	27	63.931	2.368		
Total	35	119.121			
S.e.d	0.088				

Tratamento químico eficaz na ocorrência de Aspergillus niger
ANOVA

Fonte de variação: d.f		s.s	m.s	v.r	F.Pr
Tipos	8	14.165	1.771	1.47	0.213
Residual	27	32.438	1.201		
Total	35	46.603			
S.e.d	0.775				

Tratamento químico eficaz na ocorrência de fungos não identificados

ANOVA

Fonte de variação: d.f		s.s	m.s	v.r	F.Pr
Tipos	8	67.896	8.487	5.54	<0001
Residual		2741.346	1.531		
Total	35	109.242			

S.e.d	0.875				

Percentagem de germinação das sementes após tratamento com produtos químicos

ANOVA

Fonte de variação: d.f		s.s	m.s	v.r	F.Pr
Tipos	8	2.48869	0.31109	4.47	0.001
Residual	27	1.83750	0.06806		
Total	35	4.32619			
S.e.d	0.1845				

Avaliação da deterioração das sementes: Percentagem de infeção

			ANOVA		
Fonte de variação: d.f		s.s	m.s	v.r	F.Pr
Tipos	3	106.8124	35.6041	253.65	<0.001
Residual	12	1.6844	0.1404		

Total	15	108.4968			
S.e.d	0.2649				

Percentagem de germinação após 8 semanas de inoculação com fungos de sementes

ANOVA

Fonte de variação:	d.f	s.s	m.s	v.r	F.Pr
Tipos	3	63.8341	21.2780	34383	<0.001
Residual	12	7.3319	0.6110		
Total	15	71.1660			
S.e.d	0.553				

Printed by Books on Demand GmbH, Norderstedt / Germany